生态·环境科普丛书

污染源普查那些事儿

余志晟 张洪勋 编著

科学出版社

北京

内 容 简 介

　　全国污染源普查是依法开展的重大国情调查，是环境保护的基础性工作，对国家经济社会发展起到非常重要的指导作用。

　　本书是在第二次全国污染源普查工作的理论和实践基础上撰写的科普书籍，通过问答形式向读者充分展示污染源普查全过程的相关内容。从污染源普查是什么，查什么，怎么查，到污染源普查如何进行培训、宣传，污染源普查过程如何保证数据质量，如何应用污染源普查成果等，均进行了深入浅出的阐释。

　　本书读者对象广泛。既是政府工作人员及专业技术人员开展污染源普查工作的参考读物，又是普查对象了解普查工作内容、做好相应准备的学习读物，也是公众了解污染源普查工作的价值和意义的宣传读物。

图书在版编目（CIP）数据

污染源普查那些事儿 / 余志晟，张洪勋编著. —北京：科学出版社，2022.9
（生态环境科普丛书）
ISBN 978-7-03-072945-3

Ⅰ. ①污⋯　Ⅱ. ①余⋯ ②张⋯　Ⅲ. ①污染源调查-中国-普及读物
Ⅳ. ①X508.2-49

中国版本图书馆CIP数据核字（2022）第153293号

责任编辑：付　娇　辛　桐 / 责任校对：马英菊
责任印制：吕春珉 / 封面设计：东方人华平面设计部

科 学 出 版 社 出版
北京东黄城根北街16号
邮政编码：100717
http://www.sciencep.com

北京中科印刷有限公司 印刷
科学出版社发行　　各地新华书店经销

*

2022年9月第 一 版　　开本：720×1000 1/16
2022年9月第一次印刷　　印张：7 3/4
字数：96 100
定价：48.00元
（如有印装质量问题，我社负责调换〈中科〉）
销售部电话 010-62136230　编辑部电话 010-62135927-2036

本书编委会

主　　任：余志晟　张洪勋

副 主 任：靳晓婷

编　　委：陈荣健　吴宝俊　高　塬

　　　　　王志斌　钱　智

前　　言

全国污染源普查是在国务院统一部署下，依法开展的重大国情调查，是环境保护的基础性工作，对国家经济社会发展起到非常重要的指导作用。通过全国性的污染源普查，能够掌握各类污染源的数量、主要污染物排放情况，对于准确判断环境形势，科学制定环境保护政策规划，有效实施碳排放总量控制计划，提高环境治理体系和治理能力的现代化，加快推进生态文明建设，具有重要意义。

依据《全国污染源普查条例》要求，全国污染源普查每 10 年开展一次，已于 2007 年开展第一次。2017 年开展的第二次全国污染源普查是在全面建成小康社会决胜阶段、坚决打赢打好污染防治攻坚战大背景下的系统工程，是全面摸清建设美丽中国生态环境底数的调查，意义重大。本书是在第二次全国污染源普查工作的理论和实践基础上撰写的科普书籍。本书以问答形式向读者介绍污染源普查全过程的相关内容，从污染源普查是什么，查什么，怎么查，到污染源普查如何进行培训、宣传，污染源普查过程如何保证数据质量，如何应用污染源普查成果等，均进行了深入浅出的阐释。

本书旨在科普污染源普查的意义、内容、实践过程、实践经验以及成果应用等。编写初衷：一是为从事污染源普查相关工作的人员提供可借鉴的最新普查理论、方法和经验；二是通过对普查内容和普查过程的描述，使公众了解和理解整个污染源普查工作，同时使普查对象提前预知工作内容并做好相应准备；三是向普查对象和公众宣传污染源普查的意义和作用，有助于未来污染源普查工作的顺利开展，引导公众科学认知并积极参与全国污染源普查行动，共护美好环境，共建美丽中国。同时在青少年读者心里播撒一颗绿色的种子，为国家培养生态环境保护方面的人才贡献一份力量。

关注和解决环境问题涉及社会发展、生产生活的方方面面，关乎着国家经济健康稳定发展，关乎着每个公民的切身安全，十年种棵树，年年有果实。愿我们以了解污染源普查为起点，共同为建设绿水蓝天的美丽中国贡献一份力量！

由于作者水平有限，书中难免有疏漏、不妥之处，敬请广大读者批评指正！

目　　录

第一章

污染源普查
"身世"答疑

本章主要针对污染源的概念，普查对象、普查内容及普查范围，结合《全国污染源普查条例》《国务院关于开展第二次全国污染源普查的通知》（国发〔2016〕59号）、《国务院办公厅关于印发第二次全国污染源普查方案的通知》（国办发〔2017〕82号）等政策文件为读者进行相关知识的介绍。

什么是污染源？

《全国污染源普查条例》所称污染源是指因生产、生活和其他活动向环境排放污染物或者对环境产生不良影响的场所、设施、装置以及其他污染发生源。

02

污染源普查的**任务**是什么？

　　污染源普查的任务是"摸清生态环境家底"。污染源普查采用全国统一的标准和技术要求。通过全面普查掌握各类污染源的数量、行业和地区分布情况，了解主要污染物的产生、排放和处理情况，建立健全重点污染源档案、污染源信息数据库和环境统计平台，为制定经济社会发展和环境保护政策、规划提供依据。

污染源普查的**意义**是什么？

　　全国污染源普查是重大的国情调查，是环境保护的基础性工作。开展全国污染源普查，掌握各类污染源的数量、行业和地区分布情况，了解主要污染物产生、排放和处理情况，建立健全重点污染源档案、污染源信息数据库和环境统计平台，对于准确判断我国环境形势，制定实施有针对性的经济社会发展和环境保护政策、规划，不断改善环境质量，加快推进生态文明建设，补齐全面建成小康社会的生态环境短板具有重要意义。

统计数据　　污染源普查　　保护政策

04

污染源普查开展的
标准时点 是什么时候？

根据《全国污染源普查条例》规定，全国污染源普查每10年进行一次，标准时点为普查年份的12月31日。

十二月 December

	Mon	Tue	Wed	Thu	Fri	Sat
	30	1	2	3	4	5
	7	8	9	10	11	12
13	14	15	16	17	18	19
	21	22	23	24	25	26
	28	29	30	(31)	1	2
	4	5	6	7	8	9

污染源普查的**对象**、**范围**是什么？

　　污染源普查的对象是中华人民共和国境内有污染源的单位和个体经营户。

　　第二次全国污染源普查范围包括工业污染源，农业污染源，生活污染源，集中式污染治理设施，移动源及其他产生、排放污染物的设施。

污染源普查对象

中华人民共和国境内
有污染源的单位和个体经营户

移动源

工业污染源

农业污染源

普查范围

集中式污染
治理设施

生活污染源

06 污染源普查的**内容**是什么？

　　污染源普查内容包括普查对象的基本信息、污染物种类和来源、污染物产生和排放情况、污染治理设施建设和运行情况等。

　　鉴于每次污染源普查的背景不同，普查范围和内容可能需要进行调整，《全国污染源普查条例》规定，每次污染源普查的具体范围和内容，由国务院批准的普查方案确定。

普查内容
- 基本信息
- 污染物种类和来源
- 污染物产生和排放情况
- 污染治理设施建设和运行情况
- ……

鉴于每次污染源普查的背景不同，普查范围和内容可能需要进行调整。

工业污染源普查的
对象和内容是什么？

　　工业污染源的普查对象为产生废水污染物、废气污染物及固体废物的所有工业行业产业活动单位。对可能伴生天然放射性核素的 8 类重点行业 15 个类别矿产采选、冶炼和加工产业活动单位进行放射性污染源调查。

　　对国家级、省级开发区中的工业园区（产业园区），包括经济技术开发区、高新技术产业开发区、保税区、出口加工区等进行登记调查。

　　工业污染源普查内容包括企业基本情况，原辅材料消耗、产品生产情况，产生污染的设施情况，各类污染物产生、治理、排放和综合利用情况（包括排放口信息、排放方式、排放去向等），各类污染防治设施建设、运行情况等。

　　工业污染源普查的具体污染物有以下几类。

废水污染物

化学需氧量、氨氮、总氮、总磷、石油类、挥发酚、氰化物、汞、镉、铅、铬、砷。

废气污染物

二氧化硫、氮氧化物、颗粒物、挥发性有机物、氨、汞、镉、铅、铬、砷。

工业固体废物

一般工业固体废物和危险废物的产生、贮存、处置和综合利用情况。危险废物按照《国家危险废物名录》分类调查。工业企业建设和使用的一般工业固体废物及危险废物贮存、处置设施（场所）情况。

此外，还包括稀土等 15 类矿产采选、冶炼和加工过程中产生的放射性污染物情况。

企业基本情况以及工业生产过程中的每一个环节，涉及材料消耗、产生污染、排放和处理污染物的，都要调查。

废水污染物　　废气污染物　　工业固体废物

农业污染源普查的范围和内容是什么？

农业污染源普查范围包括种植业、畜禽养殖业、水产养殖业（不含藻类）。

农业污染源普查内容包括种植业、畜禽养殖业、水产养殖业生产活动情况，秸秆产生、处置和资源化利用情况，化肥、农药和地膜使用情况，纳入登记调查的畜禽养殖企业和养殖户的基本情况、污染治理情况和粪污资源化利用情况。

农业污染源普查的具体污染物有以下几类。

废水污染物

氨氮、总氮、总磷，畜禽养殖业和水产养殖业增加化学需氧量。

废气污染物

畜禽养殖业氨、种植业氨和挥发性有机物。

农业生产单位基本情况，农业生产活动情况，秸秆、粪便等产生、处置、资源化利用情况，农药等耗材使用情况，都要调查。

废水污染物

废气污染物

生活污染源普查的
对象和内容是什么？

生活污染源普查对象为除工业企业生产使用以外所有单位和居民生活使用的锅炉（以下统称"生活源锅炉"），城市市区、县城、镇区的市政入河（海）排污口，以及城乡居民能源使用情况，生活污水产生、排放情况。

生活污染源普查内容包括生活源锅炉基本情况、能源消耗情况、污染治理情况，城乡居民能源使用情况，城市市区、县城、镇区的市政入河（海）排污口情况，城乡居民用水排水情况。

生活污染源普查的具体污染物有以下几类。

废水污染物

化学需氧量、氨氮、总氮、总磷、五日生化需氧量、动植物油。

废气污染物

二氧化硫、氮氧化物、颗粒物、挥发性有机物。

集中式污染治理设施 **10**
普查的对象和内容是什么？

　　集中式污染治理设施普查对象为集中处理处置生活垃圾、危险废物和污水的单位。其中：

　　生活垃圾集中处理处置单位包括生活垃圾填埋场、生活垃圾焚烧厂以及以其他处理方式处理生活垃圾和餐厨垃圾的单位。

　　危险废物集中处理处置单位包括危险废物处置厂和医疗废物处理（处置）厂。危险废物处置厂包括危险废物综合处理（处置）厂、危险废物焚烧厂、危险废物安全填埋场和危险废物综合利用厂等；医疗废物处理（处置）厂包括医疗废物焚烧厂、医疗废物高温蒸煮厂、医疗废物化学消毒厂、医疗废物微波消毒厂等。

　　集中式污水处理单位包括城镇污水处理厂、工业污水集中处理厂和农村集中式污水处理设施。

　　集中式污染治理设施普查内容包括单位基本情况，设施处理能力、污水或废物处理情况，次生污染物的产生、治理与排放情况。

　　集中式污染治理设施普查的具体污染物有以下几类。

废水污染物

化学需氧量、氨氮、总氮、总磷、五日生化需氧量、动植物油、挥发酚、氰化物、汞、镉、铅、铬、砷。

废气污染物

二氧化硫、氮氧化物、颗粒物、汞、镉、铅、铬、砷。

污泥、焚烧残渣
和飞机等

污水处理设施产生的污泥、焚烧设施产生的焚烧残渣和飞灰等产生、贮存、处置情况。

· 单位基本情况
· 设施处理能力
· 污水或废物处理情况
· 次生污染物的产生
· 治理与排放情况
都要调查。

废水污染物　　废气污染物　污泥、焚烧残渣和飞灰等

移动源普查的对象和内容是什么？

移动源普查对象为机动车和非道路移动污染源。其中，非道路移动污染源包括飞机、船舶、铁路内燃机车和工程机械、农业机械等非道路移动机械。

移动源普查内容包括各类移动源保有量及产排污相关信息，挥发性有机物（船舶除外）、氮氧化物、颗粒物排放情况，部分类型移动源二氧化硫排放情况。

移动源普查对象为机动车和非道路移动污染源。其中，非道路移动污染源包括飞机、船舶、铁路内燃机车和工程机械、农业机械等非道路移动机械。

机动车　　非道路移动污染源

12 污染源普查的 技术路线是什么？

污染源普查坚持数据共享优先原则，通过企业监测、物料衡算及排污系数核算相结合，技术手段与统计手段相结合，国家指导、市级指导、地方调查和企业自报相结合等方式，最终获取准确的污染源普查数据。

（1）工业污染源。全面入户登记调查单位基本信息、活动水平信息、污染治理设施和排放口信息；基于实测和综合分析，分行业分类制定污染物排放核算方法，核算污染物产生量和排放量。根据伴生放射性矿初测基本单位名录和初测结果，确定伴生放射性矿普查对象，全面入户调查。工业园区（产业园区）管理机构填报园区调查信息。工业园区（产业园区）内的工业企业填报工业污染源普查表。

（2）农业污染源。以已有统计数据为基础，确定抽样调查对象，开展抽样调查，获取普查年度农业生产活动基础数据，根据产排污系数核算污染物产生量和排放量。

（3）生活污染源。登记调查生活源锅炉基本情况和能源消耗情况、污染治理情况等，根据产排污系数核算污染物产生量和排放量。抽样调查城乡居民能源使用情况，结合产排污系数核算废气污染物产生量和排放量。通过典型区域调查和综合分析，获取与挥发性有机物排放相关活动水平信息，结合物料衡算或产排污系数估算生活源挥发性有机物产生量和排放量。

利用行政管理记录，结合实地排查，获取市政入河（海）排污口基本信息。对各类市政入河（海）排污口排水（雨季、旱季）水质开展监测，获取污染物排放信息。结合排放去向、市政入河（海）排污口调查与监测、城镇污水与雨水收集排放情况、城镇污水处理厂污水处理量及排放量，利用排水水质数据，核算城镇水污染物排放量。利用已有统计数据及抽样调查获取农村居民生活用水排水基本信息，根据产排污系数核算农村生活污水及污染物产生量和排放量。

（4）集中式污染治理设施。根据调查对象基本信息、废物处理处置情况、污染物排放监测数据和产排污系数，核算污染物产生量和排放量。

（5）移动源。利用相关部门提供的数据信息，结合典型地区抽样调查，获取移动源保有量、燃油消耗及活动水平信息，结合分区分类排污系数核算移动源污染物排放量。

机动车：通过机动车登记相关数据和交通流量数据，结合典型城市、典型路段抽样观测调查和燃油销售数据，更新完善机动车排污系数，核算机动车废气污染物排放量。

非道路移动源：通过相关部门间信息共享，获取保有量、燃油消耗及相关活动水平数据，根据排污系数核算污染物排放量。

工业污染源

移动源

农业污染源

集中式污染治理设施

生活污染源

污染源普查实施包含哪些**阶段**？

全国污染源普查实施包括前期准备、清查建库、普查试点、全面普查、总结发布五个主要阶段。

前期准备：成立机构，制定普查方案，落实经费渠道，制定相关技术规范和普查制度、确定污染源排放核算方法、完成普查信息系统开发建设以及其他技术准备工作。开展普查宣传与培训工作。

清查建库：开展污染源普查调查单位名录库筛选，开展普查清查，建立普查基本单位名录库。对伴生放射性矿产资源开发利用企业进行放射性指标初测，确定伴生放射性污染源普查对象；排查市政入河（海）排污口名录，开展排污口水质监测。

普查试点：开展普查试点，完善普查制度、技术规范和信息系统。

全面普查：开展入户调查与数据采集、数据审核、数据汇总、质量核查与评估、建立数据库等工作。

总结发布：总结发布普查成果，开展成果分析、验收与表彰等工作。

1. 制定普查方案
2. 制定相关技术规范和普查制度
3. 普查信息系统开发建设
4. 普查宣传与培训

总结发布结果

数据审核

前期准备　　清查建库　　普查试点　　全面普查　　总结发布

第二章

为污染源普查
"发声"

普查宣传是污染源普查工作的关键一环。如何让大家了解污染源普查知识，配合污染源普查工作的开展，需要通过污染源普查宣传，让全社会认识、理解并逐渐参与到污染源普查工作中来。本章主要从宣传的概念、宣传的意义、宣传的对象以及宣传的方式等方面进行重点介绍。

污染源普查
宣传指什么？

　　污染源普查宣传是指在整个污染源普查全过程中通过各种形式向公众以及普查对象普及污染源普查文件通知、普查内容与普查进度等，让全社会了解污染源普查的重要意义，提高公众环保意识，加快推进生态文明建设。

15 污染源普查宣传的意义有哪些?

污染源普查是全国性的调查,覆盖面广,因此需要通过积极的宣传手段对污染源普查的相关知识进行普及。污染源普查宣传主要有以下方面的意义:

(1)营造良好的社会氛围,促进公众参与。

(2)通知普查对象,做好准备工作。

(3)提高全民环保意识。

(4)推进社会主义生态文明建设。

污染源普查 宣传对象 包括哪些？

污染源普查是全国性的调查，需要全社会的参与。污染源普查宣传对象主要包括公众和普查对象。

（1）向全社会进行污染源普查的宣传，普及污染源普查知识，提高公众的参与度。

（2）普查对象是污染源普查的直接参与者，应通过多种途径对普查对象进行污染源普查相关知识的宣传，以便在后续参与污染源普查工作的过程中更加顺利地完成普查工作。

污染源普查是全国性的调查，需要全社会的参与。

公众　　　　　　普查对象

17

污染源普查
宣传的方式有哪些?

污染源普查的宣传贯穿普查的整个过程,主要通过以下方式进行宣传。

(1)线上宣传:通过网站、公众号等网络媒体对污染源普查工作的动态和工作进展进行报道;通过污染源普查科普动画片和宣传片播放的形式进行宣传。

(2)线下宣传:选择空间开阔、人流量大的场地作为宣传点,通过发放公开信、张贴海报、悬挂条幅、设置户外广告等形式,进入各社区、街道和乡镇,贴近群众,进行线下宣传。

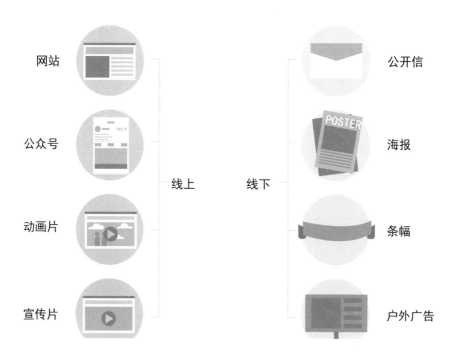

网站

公众号

动画片

宣传片

线上

线下

公开信

海报

条幅

户外广告

污染源普查
宣传的重点是什么？

18

污染源普查宣传的重点有以下几点。

一是扩大各职能部门、普查对象及全社会对污染源普查工作的认识，并提高对污染源普查工作的重视程度。大力宣传工作试点经验做法，及时发布清查建库工作进展情况。

二是通过对污染源普查工作意义的宣传，引导普查对象如实地填报普查数据，确保基础数据真实可靠。建立普查信息交流平台，相互反映普查动态，交流经验心得。

三是通过对普查工作成果的宣传，根据普查成果来反映目前存在的环境问题，并制定下一步的环境治理政策和规划。揭示我国当前生态环境保护面临的形势，特别是未来生态环境保护工作的重点领域、重点地区、重点流域、重点行业、重点污染物的最新最全面情况，为国家"十四五"国民经济和社会发展以及生态环境保护工作提供基础支撑。

提高认识，大力宣传　　建立平台，反映动态

总结成果，制定政策和规划

公众可以为污染源普查**做什么**？

　　污染源普查是掌握我国"生态环境家底"的难得机遇，它不仅与普查工作者相关，同时也涉及公众的基本信息，需要公众参与。因此普查在某种程度上也是对公众自身情况的一次"体检"。一方面，公众关注普查、参与普查、配合普查，确保普查员采集的信息真实、准确；另一方面，在实际普查过程中，公众通过获取普查知识，自觉主动宣传、实践，提高全社会的环境保护意识。这对补齐全面建成小康社会的生态环境短板具有重要意义。

20 公众可以通过哪些**途径**了解污染源普查？

公众通过纸质媒体（包括报纸、海报、致普查对象的一封信、宣传折页等）、网络媒体（包括门户网站、即时通信等）了解污染源普查工作。另外，公众也可以通过在主要路段设置的广告牌对污染源普查进行了解。

第三章

在污染源普查入户填报前，普查员和普查指导员通过培训掌握各阶段普查内容及普查方法，为正式入户填报做好技术准备。本章主要介绍污染源普查培训意义、培训内容、培训形式以及培训对象等方面，让大家对普查培训有所了解。

21

污染源普查
培训的意义 是什么？

通过培训，普查员和普查指导员明确普查目标、普查对象、普查范围、普查指标含义及具体的工作要求。培训工作能切实提高普查人员的实际操作水平，将其逐步建设成一支能够熟悉普查工作细则、普查技术规定和普查内容，能够正确运用相关法律、法规，精干、文明的普查队伍，以保证普查工作质量，确保普查工作顺利完成。

明确普查目标

普查结果
普查报告

污染源普查
培训的意义

确保普查工作顺利完成

普查对象　普查范围
普查指标　工作要求

掌握相关信息

提高实际操作水平

建设普查队伍

22 污染源普查各阶段的 **培训重点**是什么？

污染源普查各阶段的培训重点如下。

（1）准备阶段。通过培训、考核遴选普查员和普查指导员，普查员和普查指导员考核合格后须持证上岗。

（2）清查和普查入户阶段。普查员、普查指导员和普查对象以及属地工作人员接受培训，掌握入户填报要求和填报指标内容。

（3）污染物核算阶段。主要培训内容为各种污染物的核算方法和核算步骤，以及在核算过程中的易错点和注意事项。

（4）归档阶段。主要培训内容为污染源普查资料归档的要求和归档方法。

在清查和入户普查阶段
培训的模式是什么？

污染源普查培训是为建立一支统一思想、统一步骤、统一技术要求的污染源普查队伍打基础，由国家统一部署，地区根据自身实际情况，培训一般邀请有经验的行业专家，通过逐级培训的方式，让工作人员能够全部掌握填报要求和填报内容，为正式入户指导填报做好准备。

24 污染源普查
培训内容包括什么？

　　培训内容应当围绕污染源普查工作目标，对工业污染源、农业污染源、生活污染源、集中式污染治理设施和移动污染源分别进行培训。对各类普查表格和指标的填报方法、数据审核要求、质量控制及普查工作中应注意的问题等进行详细解读和答疑。

污染源普查
培训的形式有哪些？

（1）规模大、人数多的线下集中培训。

（2）灵活方便的线上视频会议培训。

（3）小规模的以属地为单位的培训。

（4）针对普查对象的普查填报培训。

线下集中培训

以属地为单位的培训

视频会议培训

普查填报培训

26

污染源普查
培训的对象有哪些？

　　各级污染源普查机构的领导代表、技术人员，选聘出的普查员和普查指导员，派遣的第三方工作人员，各属地生态环境相关工作人员，普查对象负责人等。

污染源普查
培训的要求有哪些？

（1）保证培训质量。经过培训的普查员和普查指导员要考试合格后才能持证进行工作。

（2）确保培训覆盖率。各地要认真组织培训，避免人员遗漏、组织不到位的情况发生。

（3）提高培训效率。各地要根据培训地点、时间、内容等因素，合理安排培训，提高培训效率。

保证培训质量

确保培训覆盖率

提高培训效率

第四章

污染源普查的那些
"家务事"

污染源普查工作涉及行业广、覆盖范围大、调查数据多、技术含量高、质量要求严、工作任务重。工作过程中聘任的普查员和普查指导员，处在普查工作的前沿阵地，肩负着走进千家万户、收集原始数据的重任。普查员和普查指导员收集的数据是否准确、填写的普查表是否规范，直接关系到普查数据质量和整个普查工作的成败，因此，普查员和普查指导员的工作尤为关键。

普查员的**具体工作**是什么？

（1）积极参加业务培训。

（2）负责向普查对象宣传污染源普查的目的、意义和内容，提高普查对象对污染源普查工作的认识；解答普查对象在普查过程中的疑问，对于无法解答的问题及时向普查指导员报告。

（3）负责入户调查，了解普查对象基本情况，按照普查技术规范指导普查对象填写普查报表，对有关数据来源以及报表信息的合理性和完整性进行现场审核，并按要求上报。

（4）配合开展普查工作检查、质量核查、档案整理等工作。

（5）完成当地普查机构和普查指导员交办的其他工作。

参加培训

入户调查

负责宣传

其他工作

检查整理

29 普查指导员的 **职责** 是什么？

（1）按照当地普查机构工作部署，对其负责区域内的普查员进行指导，及时传达普查工作要求。

（2）协调负责区域内的普查工作，了解并掌握工作进度和质量，及时解决普查中遇到的实际问题，对于不能解决的问题要及时向当地普查机构报告。

（3）负责对普查员提交的报表进行审核。对存在问题的，要求普查员进一步核实并指导普查对象进行整改。

（4）负责对入户调查信息进行现场复核，复核比例不低于5%。对于复核中发现的问题，要求相关人员按照有关技术规范进行整改。

（5）完成当地普查机构交办的其他工作。

工作指导

入户调查复核

协调工作

报表

报表审核

其他工作

普查员和普查指导员的
权力是什么？

（1）有权查阅与普查有关的普查对象基本信息、物料消耗记录、原辅料凭证、生产记录、治理设施运行情况、污染物排放监测记录以及其他与污染物产生、排放和处理处置相关的原始资料。

（2）有权现场查看污染物排放和治理相关设施。

（3）有权要求普查对象改正不真实、不完整的普查信息。

（4）有权向当地污染源普查机构报告普查相关事宜。

查阅资料

要求整改

查看现场

报告事宜

31

普查员和普查指导员入户调查
应该做哪些**前期准备**？

　　普查员和普查指导员在入户调查前应熟悉所负责的普查对象的基本情况，明确普查对象应填报的所有入户调查表类型。普查员和普查指导员应熟练掌握普查程序、普查报表制度及技术规范等内容，掌握入户调查不同情况下的沟通、询问技巧，掌握入户调查移动端软件操作方法及其他相关注意事项。

　　普查员入户前应确保已穿着普查标志性服装，带齐相关资料，包括证件、普查表、宣传手册等有关资料和普查手持移动终端等设备。普查指导员负责协调并指导所辖区域内的普查员做好入户准备工作，并及时解决普查员在入户准备工作中遇到的各类问题，对于入户调查可能存在的问题要及时向上级普查机构报告和沟通。普查员及普查指导员应着装整齐、得体，注意言行。

普查对象基本情况

应填调查表类型

调查表

普查员与普查对象
沟通技巧有哪些？

（1）约访与直接上门登记。

应根据普查对象的类型选取合理的时间点入户调查，可在入户调查前与普查对象通过电话等方式提前约定时间。根据普查对象类型和特点灵活把握入户时间。

（2）处理特殊情况。

① 普查对象不支持不配合时，普查员应稳定心态，耐心倾听普查对象不配合的原因，做好动员解释工作，打消普查对象的顾虑，使其配合普查工作，以获取普查所需的真实资料。

② 在普查登记中如遇到普查对象态度非常好，但不说真话、不填报真实数据的情况，则应向其告知《中华人民共和国统计法》第七条规定：国家机关、企业事业单位和其他组织以及个体工商户和个人等统计调查对象，必须按照《中华人民共和国统计法》和国家有关规定，真实、准确、完整、及时地提供统计调查所需的资料，不得提供不真实或者不完整的统计资料，不得迟报、拒报统计资料。

③ 对于个别单位登记时找不到负责人的情况，普查人员要勤于上门，可利用中午和晚上时间去等候；还可通过市场监督管理部门、税务、街道、友邻等多方查找，联系普查对象。另外可通过有关人员（如雇员、市场管理人员）取得负责人联系电话，由普查员和负责人预约入户时间。

④ 避免用可否的问话，如"我可以占用您几分钟时间吗？"或者"我可以问您几个问题吗？"等语句，调查时必须用肯定的语言进行访问，避免被调查者误解或拒绝。

（3）保障人身安全。

普查人员在进行入户调查时应注意保障人身安全，尤其在核对企业设备运行情况、攀登高处查看等环节时，应佩戴好防护用具，避免磕碰、跌落、灼伤、烧伤、烫伤等情况的发生。

原则上，普查人员入户调查时，每次不低于两人，入户时应注意用语得体、态度谦和礼貌，使普查对象容易接受，避免发生各类冲突。如普查人员遇到暴力拒绝、口头恐吓、身体骚扰等威胁，应及时撤离，并向上级普查机构报告。如遭遇自然灾害时，应将人身安全放在首位。

（4）常见应答技巧。

①"你们可信吗？"

如果被普查者对此次普查登记工作的可信度表示怀疑，普查员除了出示工作证外，可以通过出示有关政府文件、宣传材料及国家统一印制的调查表来取得对方信任，打消对方的顾虑。

②"你们为什么要调查我？"

如果被普查者对自身是否为普查对象持怀疑态度，普查员应讲解或出示规定普查对象和范围的文件，告知被普查者其所属的普查对象类型，并强调其应依法配合普查。

③"你们要调查些什么，是否会耽误很长时间？"

为打消被普查者对普查内容和普查占用时间的顾虑，普查员可根据普查对象的特点分别对待。对于普查表格内容较少、填表较容易的企业，如无特殊情况，应立即开展普查，现场开展填表工作，在填表过程中可给予普查对象适当的解释；对于普查表格内容较多、填报内容复杂的，应对普查对象阐明所填表格及内容，要求普查对象提前填表或做好现场填表的准备，可与普查对象约定时间后再进行入户填报查验工作。

④"谁将看到我的资料？我能否看一下别人是怎样填报的？"

对于普查对象提出参考借鉴他人表格的情况，普查员应坚决履行普查员的保密责任和义务并告知其普查保密规定。对于担心自身商业机密泄露或后续环保处罚的企业，应告知其普查结果的保密性且不作为生态环境部门审批、处罚或补贴等的依据。

约访与直接上门登记

处理拒绝

保障人身安全

常见应答技巧

33

普查员**是否**可以直接**修改**普查数据？

普查员不可以直接修改普查数据。按照《全国污染源普查条例》，普查员和普查指导员没有权限修改数据，普查表填报的主体是普查对象，若在审核过程中，发现普查表填报存在问题时，应及时与普查对象取得联系，核实存疑问题，并指导普查对象修正。

直接修改普查数据

及时与普查对象联系

污染源普查任务
职责分工是什么？

全国污染源普查领导小组负责领导和协调全国污染源普查工作。领导小组办公室设在国务院生态环境主管部门，负责全国污染源普查日常工作。各地区、各部门要按照"全国统一领导、部门分工协作、地方分级负责、各方共同参与"的原则组织实施普查。

中共中央宣传部：负责组织污染源普查的新闻宣传工作，指导地方做好污染源普查宣传工作，组织办好新闻发布会及有关宣传活动。

国家发展和改革委员会：配合做好污染源普查及成果的分析、应用。

工业和信息化部：配合做好工业污染源普查成果的分析、应用。

公安部：负责指导地方公安交通管理部门向普查机构提供机动车登记相关数据、城市道路交通流量数据，配合做好机动车污染源普查相关工作。

财政部：负责普查经费预算审核、安排和拨付，并监督经费使用情况。

自然资源部：配合做好污染源普查及成果的分析、应用。

生态环境部：牵头会同有关部门组织开展全国污染源普查工作，负责拟订全国污染源普查方案和不同阶段的工作方案，编制普查制度及有关技术规范，组织普查工作试点和培训，对普查数据进行汇总、分析和结果发布，组织普查工作的验收。

住房和城乡建设部：指导地方相关部门配合做好城镇污水处理设施、垃圾处理厂（场）普查，以及房屋建筑和市政工程工地工程机械等抽样调查。

交通运输部：提供营运船舶注册登记数据、船舶自动识别系统数据和国（省）道公路观测断面平均交通量，配合做好移动源普查及相关成果分析、应用。

水利部：负责提供有关入河排污口相关信息和有关水利普查资料、重点流域相关水文资料成果，指导地方相关部门配合做好入河排污口及其对应污染源的调查。

农业农村部：负责组织开展种植业、畜禽养殖业、水产养殖业生产活动水平情况调查；配合做好污染源普查相关成果的分析、应用；提供农业机械和渔船与污染核算相关的数据。

国家税务总局：负责提供纳税单位登记基本信息，配合做好污染源普查相关成果的分析、应用。

国家市场监督管理总局：负责提供企业和个体工商户等单位注册登记信息。

国家统计局：负责提供全国基本单位名录库相关行业名录信息和相关统计数据，审核批准普查报表，参与普查总体方案设计；指导污染源普查的质量管理和监督；参与指导污染源普查数据质量评估、分析。

中央军委后勤保障部：负责统一规定和要求组织实施军队、武装警察部队的污染源普查工作。

国家测绘地理信息局：负责利用地理国情普查成果为污染源空间定位提供地理空间公共基底数据，配合做好普查名录库建库和相关普查成果分析、应用。

中国民用航空局：提供民用运输机场飞机起降架次和航油消耗信

息，配合做好移动源普查及相关成果分析、应用。

中国国家铁路集团有限公司：提供铁路内燃机车在用量、行驶里程等相关信息，配合做好移动源普查及相关成果分析、应用。

新疆生产建设兵团的污染源普查工作，由新疆生产建设兵团按照国家统一规定和要求组织实施。

普查任务需要多单位的配合协作，中共中央宣传部、国家发展和改革委员会、工业和信息化部、公安部、财政部、自然资源部、生态环境部、住房和城乡建设部、交通运输部、水利部、农业农村部、国家税务总局、国家市场监督管理总局、国家统计局、中央军委后勤保障部、国家测绘地理信息局、中国民用航空局、中国国家铁路集团有限公司、新疆生产建设兵团等单位都发挥着重要的作用。

35

普查对象的哪些人可**填报**普查表？

普查对象的负责人或对厂内所有生产工艺较熟悉的人可以到场填报。

在填报普查表前，**普查对象**应该**准备**什么？ **36**

普查对象有义务接受污染源普查人员的调查，如实反映情况，提供有关资料，按照要求填报污染源普查表，并对填报数据真实性负责。

普查对象应在普查员入户调查前准备好营业执照、组织机构代码证、排污许可证等相关证件；建设项目环评报告及审批材料、污染治理工艺流程、年生产运行台账（水费、电费、生产原辅材料、产品销售等凭证材料等）、年污染治理设施相关运行台账（包含监测数据）等填报普查表所需的支持材料，供普查员入户调查时查阅，并指定专门技术人员配合入户调查工作。

普查对象提供相关材料要实事求是，并对填报数据真实性负责。

相关证件   支持材料

37

普查对象填报工业污染源、农业污染源、集中式污染治理设施**基本流程**是什么？

工业污染源、农业污染源、集中式污染治理设施填报基本流程是从互联网端（即外网）到环保专网（即内网）；在外网端，企业填报，由普查员、普查指导员逐级审核，直到普查指导员确认审核通过，提交至内网审核，内网审核即进入区县审核端，先通过系统审核，进而提交人工审核，直到通过。

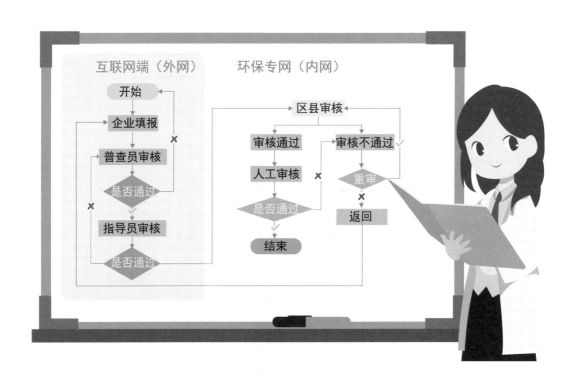

38

普查对象填报
移动源基本流程是什么？

移动源的填报流程从互联网端（即外网）到环保专网（即内网），由普查对象填报确认无误提交到区县普查机构审核，直到系统和人工审核都通过。

第五章

污染源普查经历的
"打假保真"

污染源普查初始的数据采集工作结束后，如何保证普查数据的质量？如何准确地回答污染源在哪里？污染源排什么？污染源怎么排？污染源排多少？如何精准地找到针对各类污染源现状的生态环境治理对策？要解决以上问题，质量控制环节就显得尤为重要。质量控制过程离不开对数据的审核和质量核查，本章主要对普查数据的审核及质量核查进行介绍。

普查数据
质量差的原因有哪些?

39

（1）工作程序问题。

工作程序问题主要有管理不力、规划不当、人员训练不足等问题。

（2）技术错误。

技术错误一般分为：针对点源，普查对象漏报，排放单元不完整。针对地区，未能覆盖所有排放源类别或未按照规范和技术要求选用排放量核算方法。

40 质量控制的
方法有哪些？

　　质量控制可采用的方法有：常规性数据审核、专家审核、样本计算审核、计算机审核、敏感度分析审核、统计审核等方法。

常规性数据审核　　　　专家审核　　　　　样本计算审核

计算机审核　　　　敏感度分析审核　　　　统计审核

如何**保障**污染源普查**数据质量**？

污染源普查通过建立数据质量控制体系，制定数据质量管理技术规定和相关工作细则等制度，对普查全过程进行质量监控。运用科学的调查方法，卫星遥感、无人机等调查手段和互联网、移动终端等信息化技术将普查数据与其他相关领域的关联数据信息进行比对验证，保障普查数据的质量。

全面贯彻实施依法普查的要求，追究各类主体数据造假责任，从顶层设计上建立"不敢造假"的制度环境。在普查过程中，通过与其他数据相比对，使各类主体"不能造假"。

国务院和各省（区、市）污染源普查领导小组办公室统一组织数据的质量核查工作，核查结果将作为评估各地区普查数据质量和普查工作成效的依据。

违反《全国污染源普查条例》规定要承担怎样的**法律责任**？

严格的法律责任是确保污染源普查数据真实性、杜绝弄虚作假的重要手段，《全国污染源普查条例》对此作了如下规定。

（1）明确有关领导的责任。《全国污染源普查条例》规定：地方、部门、单位的负责人擅自修改污染源普查资料的；强令、授意污染源普查领导小组办公室、普查人员伪造或者篡改普查资料的，对拒绝、抵制伪造或者篡改普查资料的普查人员打击报复的，依法给予处分、通报批评；构成犯罪的，依法追究刑事责任。

（2）明确普查人员的责任。《全国污染源普查条例》规定：普查人员不执行普查方案，或者伪造、篡改普查资料，或者强令、授意普查对象提供虚假普查资料的，依法给予处分。

（3）明确普查对象的责任。《全国污染源普查条例》规定：普查对象迟报、虚报、瞒报或者拒报污染源普查数据的；推诿、拒绝或者阻挠普查人员依法进行调查的；转移、隐匿、篡改、毁弃原材料消耗记录、生产记录、污染物治理设施运行记录、污染物排放监测记录以及其他与污染物产生和排放有关的原始资料的，依法责令改正、通报批评、处以罚款等。

明确有关领导的责任

明确普查人员的责任

明确普查对象的责任

43

如何进行普查数据审核？

数据的审核主要分为三个阶段：清查阶段，入户调查阶段，产排污核算阶段。

清查阶段主要是对清查数据库的审核，重点核实清查是否存在漏查。入户调查阶段是对基本信息与产业活动水平的数据审核，重点是对产业活动水平与社会经济发展水平的协调性进行审核。产排污核算是对产排污量数据审核，重点审核产排污量与环境质量的协调性。

产排污核算阶段

入户调查阶段

清查阶段

普查表填报
信息存疑怎么办?

在指标审核过程中，发现普查表填报信息存疑的情况，应当及时与企业填表人联系，核实存疑信息，必要时进行现场核实，确保普查数据质量。

45

普查数据审核和
质量核查的**区别**有哪些？

　　普查数据审核和质量核查都是质量控制不可或缺的一部分，二者相辅相成。一般数据审核的方式以案头工作为基础，将普查范围内所有数据通过与环境统计、排污许可等数据比对、排序，找出存疑数据；质量核查以现场核查为主，按比例抽取一定数量的普查对象，通过现场调查、表单数据与普查对象佐证材料对比的方法进行核查。

　　因此，原则上先开展数据审核，再带着问题进行质量核查。数据审核可为质量核查提供思路和方向，质量核查可验证数据审核结果。

数据审核可为质量核查提供思路和方向，质量核查可验证数据审核结果，二者相辅相成，不可或缺。

数据审核　　　　　　　　　　　质量核查

普查数据审核的
内容和方法有哪些?

普查数据审核的内容包括普查对象数量,基本信息与生产活动水平,污染物产排污汇总数据,伴生放射性矿等。数据审核类型主要包括完整性审核,规范性审核,一致性审核,合理性审核,准确性审核,逻辑性审核等。审核方法主要包括人工审核,计算机软件审核,集中会审,交叉审核,专家审核,专项审核,重点行业、重点企业审核,部门联合审核,数据汇总审核,抽样复核等方法。

普查对象数量

基本信息与
生产活动水平

伴生放射性矿

普查数据审核的
内容

污染物产排污汇总数据

47 普查数据审核的
总体思路是什么?

（1）微观细核，即单个普查对象普查数据要完整、规范、真实、符合逻辑。

（2）中观比较，即分区域、分流域、分行业进行数据比对分析。

（3）宏观把握，即普查数据与经济发展水平、生态环境质量等相匹配、可解释。

普查数据质量管理的
流程是什么？

48

在全国污染源普查工作中，保证污染源普查数据的质量是至关重要的，因为这是决定普查成败的重要因素之一，而普查数据质量管理的流程是从互联网端（即外网）到环保专网（即内网），历经了企业、普查员、普查指导员、区县级普查机构、地市级普查机构、省级普查机构、国家普查机构等的逐层查验。

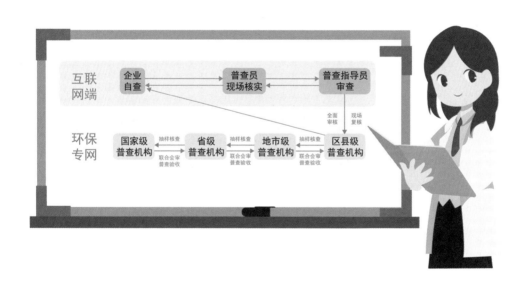

49 工业污染源审核的要点是什么？

（1）关键指标排序筛查异常值。

汇总普查区域内的指标填报数据并排序，筛选出明显偏大或明显偏小的数据，特别关注普查区域内行业企业数量多、排放量占比较大的行业。

（2）与区域、行业平均值对比分析。

分行业将普查区域内工业企业的单位产值或原料消耗量、产量的能耗、水耗等数据，与全国或地区的平均水平进行比对分析，筛选出该区域远大于或远低于平均水平的企业。

（3）与部门统计数据的对比分析。

分析普查数据与部门统计数据的差异，对比方法如下：与部门统计数据的差异 =（普查数据 − 部门统计数据）÷ 部门统计数据 × 100%。

关键指标排序筛查异常值　　与区域、行业平均值对比分析

工业污染源

与部门统计数据的对比分析

50 农业污染源审核的要点是什么？

（1）与区域、行业平均值对比分析。

畜禽养殖业：对比单位养殖量栏舍面积、单位养殖量污水产生量、单位养殖量粪污资源化利用量与平均水平的差异性。

种植业：对比复种指数、单位面积产量、单位面积化肥施用量、单位面积地膜使用量与平均水平的差异性。

水产养殖业：对比单位面积水产养殖量与平均水平的差异性。

（2）与部门统计数据的对比分析。

与全国农业普查、统计部门数据、畜牧部门统计数据、水产部门统计数据对比分析，找出差异，核实原因。

与区域、行业平均值对比分析

畜禽养殖业　　　　种植业

化肥

农业污染源

水产养殖业

与部门统计数据的对比分析

生活污染源审核的要点是什么？

51

（1）关键指标排序筛选异常值。

对社区或行政村户均或人均指标值、户均煤炭消耗量排序，识别异常数据；对各排污口污水排放流量和主要污染物浓度监测数据排序，识别异常数据。

（2）与部门统计数据的对比分析。

对比统计部门数据中年度常住人口、生活用水量等与普查指标之间的差异性。

生活污染源

关键指标排序筛选异常值

与部门统计数据的对比分析

52 非工业企业单位锅炉
审核的**要点**是什么？

（1）与部门统计数据的对比分析。

对比分析非工业企业单位锅炉燃料煤、燃油、煤气、生物质燃料消耗量等与统计部门指标之间的差异性。

对比分析非工业企业单位锅炉能源与常住人口的结构指数、排名指数、与统计部门生活能源消耗的结构指数、排名指数。对存疑指标进行核实。

（2）与区域、行业平均值对比分析。

通过计算燃料消耗强度和燃气锅炉单位蒸吨满负荷运行每小时耗气量，对存疑数据进行核实。

与部门统计数据的对比分析

对比指标间的差异性

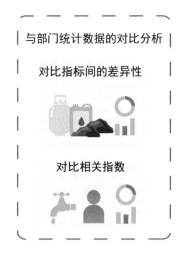

对比相关指数

非工业企业单位
锅炉

与区域、行业平均值对比分析

对存疑数据进行核实

集中式污染治理设施审核的**要点**是什么？

（1）关键指标排序筛选异常值。

对区域内的调查指标进行排序，筛选出明显偏大或偏小的数据，进行核实；对相同污水处理工艺的干污泥量／污水实际处理量排序比较，筛选出明显偏大或偏小的数据，进行核实。

（2）与区域、行业平均值对比分析。

根据区域垃圾填埋场（厂）处理的生活垃圾量，计算人均生活垃圾处理量，将人均国内生产总值接近地区进行比较，对筛选出的偏大与偏小值进行核实。

（3）与部门统计数据的对比分析。

区域内城镇污水处理厂设施处理能力和实际处理量是否与相关部门数据基本匹配；区域内垃圾处理场（厂）的各关键指标是否与区域在册备案数据基本匹配，对存疑指标进行核实。

关键指标排序筛选异常值

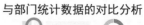

与部门统计数据的对比分析

集中式污染治理设施

与区域、行业平均值对比分析

移动源审核的**要点**是什么？

54

与部门统计数据的对比，分析区域内储油库总数、加油站总数、储罐车总数与《大气污染防治行动计划》（以下简称"大气十条"）数据的差异性，总数少于"大气十条"数据的需进一步核实。

"大气十条"具体内容：
第一条 加大综合治理力度，减少多污染物排放
第二条 调整优化产业结构，推动产业转型升级
第三条 加快企业技术改造，提高科技创新能力
第四条 加快调整能源结构，增加清洁能源供应
第五条 严格节能环保准入，优化产业空间布局
第六条 发挥市场机制作用，完善环境经济政策
第七条 健全法律法规体系，严格依法监督管理
第八条 建立区域协作机制，统筹区域环境治理
第九条 建立监测预警应急体系，妥善应对重污染天气
第十条 明确政府企业和社会的责任，动员全民参与环境保护

55 污染物核算方法的选取优先顺序是什么?

污染物核算方法优先顺序如下。

（1）经管理部门审核通过的排污许可执行报告的年度排放量。

（2）符合规范性和使用要求的采用监测法核算。

（3）产排污系数法（物料衡算法）。

经管理部门审核通过的
排污许可执行报告的
年度排放量

符合规范性和使用要求的
采用监测法核算

产排污系数法
（物料衡算法）

第六章

污染源普查
"身价"升值

本章通过污染源普查归档工作的意义、内容、要求、工作原则、步骤和注意事项等对污染源普查归档工作进行描述和归纳。

污染源普查
归档工作的意义是什么？

56

　　污染源普查档案是污染源普查工作中形成的具有保存价值的各种形式的历史记录，其记录了污染源普查各个阶段的工作，通过档案可以准确直观地呈现污染源普查工作的一手资源，并为环境保护提供参考和依据。

　　（1）污染源普查档案归档是污染源普查的一个重要阶段，是汇总普查数据、形成普查成果的关键时刻。

　　（2）污染源普查归档工作要求规范严格，归档内容丰富全面，保证每个数据和指标都能追踪到来源和出处，是数据保持真实、准确的依据。

　　（3）污染源普查档案可以反映出现阶段污染源的分布和总体情况，为环境保护政策的制定提供科学的依据。

　　（4）污染源普查档案包含的数据库信息，可以通过数据共享应用到其他社会工作中，为社会发展提供动力。

污染源普查归档工作的意义：
· 汇总成果
· 数据追溯
· 查明分布
· 成果共享

污染源普查**档案**
主要包括哪些**内容**？

（1）从媒介上分：污染源普查档案包括纸质档案和电子档案。

（2）从内容上分：污染源普查文件材料包括管理类、污染源类、财务类、声像实物类和其他五大类。

管理类包括污染源普查工作过程中各级党政机关、各级污染源普查机构用于管理和指导普查工作开展的相关文件材料。污染源普查有关管理办法、指导意见、实施方案、技术规定、机构设置、人事任免、工作人员名单、表彰决定、先进集体等，污染源普查培训相关文件材料、污染源普查文件汇编、普查公报、成果图集、技术报告、系数手册、数据集、宣传方案、宣传画、计算机应用程序软件及说明、相关的图册、水温、气象等数据和其他与管理相关的文件材料。

污染源类包含污染源清查表（入户调查表），填表说明及相应电子文件，各类污染源产排污系数手册，各类污染源名录库，各类污染源普查数据，各类污染源普查试点产生的相关文件材料和其他与污染源相关的文件材料。

财务类包含各级污染源普查机构的会计凭证，会计账簿，月度、季度、半年度财务会计报告，银行对账单，纳税申报表，年度财务会计报告，年度预算及预算执行情况报告，审计报告等。

声像实物类包含污染源普查工作照片、录音、录像、奖牌、锦旗，印章等。

其他类指除上述类别之外的与污染源普查相关的文件材料。

污染源文件材料
归档有哪些**要求**？

（1）归档的文件材料应当为原件。

（2）归档的纸质文件材料应当做到字迹工整、数据准确、图像清晰、标识完整、手续完备、书写和装订材料符合档案保护的要求。

（3）归档的电子文件（含电子数据）应当真实、完整，以开放格式存储并能长期有效读取，可采用在线或离线方式归档，并在不同存储载体和介质上储存备份两套。

（4）归档电子文件应当和纸质文件保持一致，并与相关联的纸质档案建立检索关系。具有重要价值的电子文件应当同时转换为纸质文件归档。

污染源文件材料归档要求：
· 原件
· 字迹工整、数据准确、图像清晰
· 电子文件（含电子数据）应当真实、完整
· 电子文件和纸质文件保持一致

59 污染源普查归档工作要点有哪些?

（1）明确归档工作责任制，具体到人。实行分级管理，逐级进行工作审核和监督，各级认真履行好自己的责任。

（2）严格把握归档标准和要求，保证档案的质量。归档人员要积极参加培训，掌握归档要求和规范，保证归档工作准确无误。

（3）把握好时间节点。归档工作从污染源普查准备阶段就要开始，并按时完成普查每个阶段的归档任务。

（4）利用大数据平台，加快信息化建设。将污染源普查档案的内容和数据应用于环保大数据平台建设，为排污许可、环保执法、环保政策的制定等提供数据支撑。

（5）做好污染源普查档案的保密工作。污染源普查档案涉及各污染单位、个人的真实数据，属于隐私和商业机密，因此要强调底线意识，严格保密。

（6）制定污染源普查档案工作管理制度。建立健全档案工作规章制度，保证工作规范化和标准化，提高档案工作的效率。

责任到人

规范化、标准化

严格要求

污染源普查归档
工作要点

严格保密

按时完成

信息化数据支撑

60 污染源普查
归档工作难点有哪些？

（1）污染源普查档案种类多、数量大、关系复杂。

（2）档案整理专业性强、规范性强且要求严格，必须准确无误。

（3）为了加强信息化建设，除纸质版档案，另有电子档案的归档。

种类多、数量大、关系复杂

专业性、规范性强

纸质和电子档案

污染源普查文件材料的 **整理归档方法**是什么？ 61

　　按照《污染源普查档案管理办法》第十三条规定:（一）纸质文件材料的整理归档，依照《归档文件整理规则》（DA/T 22）和《污染源普查纸质文件材料整理技术规范》的有关规定执行;（二）电子文件（含电子数据）的整理归档，依照《电子公文归档管理暂行办法》（档发〔2003〕6号）、《电子文件归档与电子档案管理规范》（GB/T 18894）、《CAD电子文件光盘存储、归档与档案管理要求》（GB/T 17678.1）等文件的有关规定执行;（三）财务类文件材料的整理归档，依照《会计档案管理办法》（财政部、国家档案局令第79号）的有关规定执行;（四）照片资料的整理归档，依照《照片档案管理规范》（GB/T 11821）、《数码照片归档与管理规范》（DA/T 50）、《电子文件归档与电子档案管理规范》（GB/T 18894）等文件的有关规定执行;（五）录音、录像资料的整理归档，依照《磁性载体档案管理与保护规范》（DA/T 15）、《电子文件归档与电子档案管理规范》（GB/T 18894）等文件的有关规定执行;（六）其他类材料的整理归档，参照上述文件类别的整理方法及相关规定执行。

污染源普查纸质文件材料的整理原则是：遵循普查文件材料的形成规律和特点，保持文件材料之间的有机联系，区分不同价值，便于保管和利用。

污染源普查纸质文件材料整理的主要步骤包括分类、分件、排列、装订、编号、盖章、编目、填写备考表、装盒。

污染源普查**档案管理**
工作需要注意哪些问题？

（1）重视污染源普查档案工作。尤其是各级普查领导机构要高度重视档案工作，做出表率。

（2）加强宣传。污染源普查工作需要全社会的支持和响应，积极进行宣传，有利于工作的顺利开展。

（3）加强档案培训。邀请档案专业领域的专家进行培训，解读相关的规范和要求。

（4）加强档案的法制化建设。在工作过程中严格按照《中华人民共和国档案法》等的要求，依法进行归档。

第七章

如何享用污染源
普查成果"美食"

污染源普查成果是污染源普查历时几年的重要工作结晶，充分利用好污染源普查成果也是普查工作的重要目标之一。将污染源普查成果应用于现代化环境治理和环境规划当中，可以大大提高环境治理效果。本章从多个角度总结和概括了污染源普查成果在环境治理方面的应用，充分说明了普查成果的意义和价值。

污染源**普查成果**有哪些?

（1）摸清了全国各类污染源的基本情况，各类污染源的数量、结构和分布状况。

（2）掌握了各类污染源的排放情况。

（3）建立健全了重点污染源档案和污染源信息数据库。

（4）培养锻炼了一批具有环保铁军精神的业务骨干。

（5）进一步提高了全民环保意识。

摸清了污染源分布

掌握了污染源
排放情况

建立健全了数据库

培养了业务骨干

提高了全民环保意识

64 污染源普查**成果**
主要**应用**在哪些方面?

（1）对污染源普查数据进行深入分析和挖掘，结合各地区实际情况，找准分析角度和挖掘重点，发挥普查数据和普查成果的最大作用。

（2）建立污染源信息数据库，实现环境管理和环境监测的动态化。

（3）筛选出重点污染源，针对大气污染和水污染重点排污单位进行重点管理。

（4）从区域性、流域性等角度对普查数据进行分析，开展课题研究，为环境管理提供科研依据和支撑。

（5）实现数据的积极共享，将污染源普查数据应用到环境统计、排污许可等相关环境管理工作中，通过进行数据比对，找出差异，分析结果，实现数据资源的共享。

深入分析挖掘普查数据

筛选出重点污染源

建立污染源信息数据库

开展课题研究

实现数据资源共享

污染源普查成果在
环境管理方面有哪些应用？

（1）从行业角度分析，将污染源普查获取的数据信息资料和相关行业的环境标准指标进行有效的比对，清晰直观地找到不足之处，通过改正和优化措施，提高污染治理水平。企业还可以通过污染源普查成果，定期进行自查，严格把控污染物排放标准，使经济发展和环境保护相协调。

（2）从区域发展角度分析，将污染源普查成果与区域整体发展结合起来，将环保因素考虑进发展规划过程中，促进经济、环境协调发展，优化产业结构布局，发展绿色经济，推进生态文明建设。

（3）从资源配置角度分析，利用污染源普查成果，对环境管理工作中的人力、物力资源进行合理的优化配置，从而提高资源利用效率。

提高污染治理水平

提高资源利用效率

推进生态文明建设

66

污染源普查成果在**环境统计**方面有哪些**应用**？

环境统计是每年都要进行一次的环保工作，意义重大。污染源普查和环境统计相比，覆盖面更广，调查指标更丰富，所获取的信息量更大。

环境统计是在已获取信息库的基础上，结合污染源普查更加详细的数据，对企业的信息进行补充完善，尤其是针对一些重点行业及重点排污单位，确保统计信息的准确和客观。污染源普查与环境统计相互配合，保证数据信息的质量。

污染源普查成果在**环境决策**方面有哪些**应用**？

将污染源普查成果和区域发展规划、经济发展、人文科教发展等结合起来，利用污染源普查成果，在排污许可、清洁生产、挥发性有机物控制、生态建设等方面，为环境决策制定提出可行性建议。

污染源普查成果应用在排污许可、清洁生产、挥发性有机物控制、生态建设等环境决策制定上。

68 污染源普查成果在**环境执法**方面有哪些**应用**?

　　污染源普查采集了每个普查对象的污染物产排量数据。首先通过空间分布图，可以清晰地找出污染源比较集中、产排污量比较大的区域；其次通过污染源普查数据信息确定重点排污单位名单。通过以上途径确定督察执法的对象，包括执法督察区域、执法督察流域以及执法督察单位，便于重点管理。对于存在环保问题的企业，督促其完善污染物治理设施，督促其进行整改直至达到标准要求。充分利用污染源普查成果，提高环保执法的质量和效率。

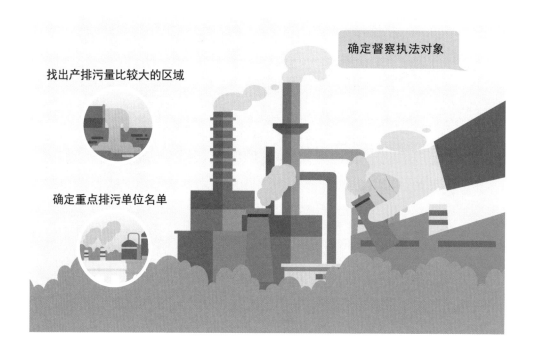

找出产排污量比较大的区域

确定督察执法对象

确定重点排污单位名单

污染源普查成果在**环境监测**方面有哪些**应用**？

通过污染源普查产排污信息找到污染物产排量大的单位，确定为重点监测对象，根据相关标准、企业实际情况与单位协商确定定期污染物监测方案，给予单位监测方面的指导，不断提高单位环保意识，保证污染物达标排放。

70

污染源普查成果在**大数据平台**、**资源共享**方面有哪些**应用**？

　　大数据平台是未来环境保护工作的发展方向，污染源普查电子信息系统包含了普查对象全部数据信息、污染物核算信息以及各区域污染源信息。将污染源普查电子系统整合到环境保护大数据平台中，增加了大数据平台的环保信息丰富度，通过数据整合、资源共享，实现了跨地区、跨系统的协调管理，更好地将信息化手段应用于生态环境相关部门工作中。

实现跨地区、跨系统的协调管理　　数据整合　　资源共享

增加大数据平台的环保信息丰富度

71

污染源普查成果在**排污许可**管理工作中有哪些**应用**？

（1）污染源普查内容和排污许可内容有部分相似性，比如产品产量信息、原辅料产量信息、污染治理设施信息、污染物种类等，因此污染源普查数据可以有选择性地应用于排污许可工作中，服务于排污许可工作。

（2）污染源普查的调查范围广，对各类污染源进行了摸排普查，形成普查名录库。因此，参考污染源普查形成的企业名录库，可以保证排污许可证的应发尽发。

（3）通过对污染源普查的普查数据进行分析，可以找出污染物产生和排放的重点区域，以便明确排污许可证发放的范围。

污染源普查数据可以有选择性地应用于排污许可工作中，服务于排污许可工作。

参考污染源普查形成的企业名录库，可以保证排污许可证的应发尽发。

对数据进行分析，找出污染物产生和排放的重点区域。

72 污染源普查成果在**排污费 标准判定**方面有哪些**应用?**

　　排污费标准的制定由监察机构根据企业的监测数据、排污申报及日常监测结果等,核算出企业的实际排污量,并按照相关管理办法征收排污费,在这个过程中往往出现由于数据不充分导致征收费用不合理的情况发生。利用污染源普查数据,对排污单位的污染物排放量进行校核,做出有效的排污报表分析,确定企业的污染物实际排放量,从而更加科学地进行排污费的征收。

污染源普查成果在**各类** **污染源**中有哪些**应用**？

（1）在工业污染源中的应用。

一是通过对企业普查数据进行汇总形成污染物普查数据库，找到污染物排放量大的企业进行整改，通过清洁能源、节能减排、优化污染物治理设施等途径减少污染物的排放。二是通过核算汇总分析各类污染物的产排量，发现其中排放强度较大的污染物以及排放强度大的区域，在以后的环境监管中进行污染物排放的实时监控，加强对大气环境和水环境的整治。

（2）在农业污染源中的应用。

加强农业面源污染治理。针对通过污染源普查筛查出的农业污染源单位，着力控制化肥和农药的使用，大力推广科学施肥和生物新农药，有效地防止过度使用肥料以及有毒农药对土壤的危害。针对畜牧业，积极加强对粪便的综合规范化处置，定期进行清理，减轻对环境的危害。

（3）在生活污染源中的应用。

加强生活面源污染治理。对生活源普查数据进行汇总，形成生活源普查数据库，以属地为单位进行污染物区域排放分析，找到污染物排放量大的属地进行综合整治。针对生活源废气的治理，比如通过煤改气、煤改电等形式，逐步推进清洁能源代替传统能源。针对生活源废水，通过建设集中式污水处理站、提高污水资源化、减少废水产生量等方式，加强对其进行治理。针对生活源锅炉，对污染治理设施参数、废气废水污染物产排量、废气废水监测频次等进行统计，将数据结果与污染物排放标准值进行比对，按要求进行整改。

（4）在集中式污染治理设施中的应用。

加强集中式污染治理设施的监控能力。对集中式污染治理设施的普查数据进行分析，找到运行不规范、参数不达标的集中式污染治理设施进行重点管理，并要求其进行优化升级改造，从而使污染物经过达标处理后进行排放。规范固体废物处理台账，加强对危险废物的监管力度。

（5）在移动源中的应用。

利用移动源普查成果，加强大气环境治理，推进交通行业升级。一是建立移动源普查数据库，针对污染物排放量大的区域实现实时监控，保证数据的动态更新，为移动源的环保监管做好数据支撑。二是移动源普查成果应用于绿色交通政策上，将移动源普查数据整合融入绿色交通数据平台，发挥有效的作用。三是对移动源各排放指标进行系统分析，总结移动源当前的排放现状以及排放趋势，为推进交通行业运输结构调整、交通行业发展转型升级提供可行性建议。

在工业源方面的
应用

在农业源中的
应用

在集中式污染治理
设施方面的应用

在生活源中的
应用

在移动源中的
应用

参 考 文 献

中华人民共和国中央人民政府 . 国家环境保护总局国家档案局关于印发《污染源普查档案管理办法》的通知 : 环发
〔2007〕187 号 [A/OL].（2007-12-12）[2022-06-22]. http://www.gov.cn/zhengce/content/2017-09/21/content_5226606.htm.

中华人民共和国中央人民政府 . 国务院关于开展第二次全国污染源普查的通知 : 国发〔2016〕59 号 [A/OL].
（2016-10-26）[2022-06-22]. http://www.gov.cn/zhengce/content/2016-10/26/content_5124488.htm#.

中华人民共和国中央人民政府 . 国务院办公厅关于印发第二次全国污染源普查方案的通知：〔2017〕82 号 [A/OL].
（2017-09-27）[2022-06-22]. http://www.gov.cn/zhengce/content/2017-09/21/content_5226606.htm.

中华人民共和国中央人民政府 . 全国污染源普查条例（2007 年 10 月 9 日中华人民共和国国务院令第 508 号公
布根据 2019 年 3 月 2 日《国务院关于修改部分行政法规的决定》修订）[A/OL].（2020-12-27）[2022-06-22].
http://www.gov.cn/zhengce/2020-12/27/content_5574524.htm2007.